ACCESOS

VASCULARES PARA

HEMODIALISIS:

LAS FAVIS.3

INDICE

1.- Capítulo cuarto: Vigilancia y seguimiento del Acceso vascular

Procedimientos para la detección de las disfunciones

1.- CAPITULO CUARTO VIGILANCIA Y SEGUIMIENTO DEL ACCESO VASCULAR:

OBJETIVO:

Detectar precozmente la disfunción del AV con la finalidad de asegurar una adecuada dosis de diálisis, y detectar lesiones estructurales tratables para prevenir la trombosis y aumentar su supervivencia.

NORMAS DE ACTUACIÓN

4.1 Las unidades de HD deben desarrollar programas de vigilancia y monitorización del AV, protocolizados y con participación multidisciplinar.
Estos programas pueden detectar la disfunción del AV, localizar su origen y reparar la lesión.
Evidencia A.

4.2 La elección de la sistemática de trabajo y de los instrumentos utilizados para la detección de la disfunción del AV dependerá de los medios disponibles en cada unidad de diálisis. La eficacia de cada uno de los instrumentos de monitorización depende del tipo de AV (FAVI o

prótesis) y del uso sistemático y combinado de varios de ellos.
Evidencia B.

4.3 Los programas de vigilancia implican la evaluación periódica de los parámetros utilizados en cada unidad.
Evidencia B

4.4 La alteración de los resultados de dichos parámetros es indicación de realizar una prueba de imagen. La fistulografía constituye el patrón de referencia diagnóstico.
Evidencia B.

4.5 Ante el hallazgo de una o varias estenosis subsidiarias de corrección (superior al 50% del calibre del vaso), la lesión ha de ser corregida, preferiblemente en el mismo procedimiento en que se realiza la fistulografía diagnóstica, o bien, ser programada para cirugía.
Evidencia A.

PROCEDIMIENTOS PARA LA DETECCIÓN DE DISFUNCIONES

Los métodos a utilizar son:

1-Examen físico con la realización de una inspección sistemática del acceso: Observación (Edema, hematomas, etc), palpación (*Thrill*, zonas de endurecimiento, etc) y auscultación (soplo) siempre antes de las punciones, y tras finalizar la sesión HD. Desarrollo escaso o anómalo de una FAVI (maduración tardía).

2-Desarrollo de la sesión de diálisis: Dificultad en la canulación. Registro de la presión arterial negativa, flujo de bomba y presión venosa durante la HD; se considerará anormal el aumento de la presión arterial negativa, la imposibilidad de alcanzar flujos de bomba previos, y/o el aumento de la presión venosa con el flujo habitual, respecto a los valores en sesiones previas. Aumento del tiempo de sangrado postpunción.

3-Presión venosa dinámica (PVD). De utilidad preferente en prótesis (Tabla 1).

4-Presiones intra-acceso o estáticas (PIA). De utilidad preferente en prótesis (Tabla 2).

5-Medidas del flujo del AV mediante técnicas de dilución, eco-Doppler u otros métodos. Útil tanto en prótesis como en FAVI (Tabla 3).

6-Control periódico de la dosis de diálisis y de la recirculación (R) (Tabla 4). Datos tardíos de disfunción del AV.

7-Pruebas de imagen:
    A) Ecografía. Ante la alteración de los parámetros antes citados la eco-Doppler permite, de forma no invasiva, confirmar y localizar con frecuencia la presencia de una estenosis o trombosis.

Como inconvenientes están que tiene variabilidad interobservador y que no es útil en la valoración de vasos centrales.

B) Angiografía (Fistulografía). Es precisa y permite la posibilidad de realizar tratamiento percutáneo en el mismo acto. Como inconvenientes están que es invasiva y que emplea medios de contraste yodados. Indicaciones:

- I.- Alteración de los parámetros de monitorización, como prueba de imagen inicial, si no hay estudio previo con eco-Doppler.
- II.- Sospecha de estenosis o trombosis de vasos centrales.
- III.- Estenosis confirmada mediante eco-Doppler susceptible de tratamiento percutáneo.
- IV.- Sospecha de estenosis a pesar del hallazgo negativo de la eco-Doppler.

C) Angiografía con CO_2 o con gadolinio. Es invasiva, evita los medios de contrates yodados, aunque es menos precisa que la angiografía convencional. Se reserva para casos de alergia a contrastes yodados y elevado riesgo de nefrotoxicidad

D) RM con gadolinio. Es no invasiva, precisa en todo el trayecto vascular si se dispone de la tecnología adecuada, pero más cara que la eco-Doppler.

RAZONAMIENTO

La vigilancia sistemática de los parámetros indicadores de la función del AV y su evaluación periódica tiene como finalidad detectar precozmente la disfunción del mismo. La detección precoz permite, tras la identificación angiográfica de la lesión causal, la corrección de la estenosis mediante tratamiento percutáneo o revisión quirúrgica, con lo que se consigue recuperar la función, disminuir el riesgo de trombosis y aumentar la supervivencia del AV (1-5).

El programa de seguimiento y evaluación debe ser una actividad rutinaria, protocolizada y con una participación multidisciplinar, llevada a cabo por enfermería, nefrólogos y radiólogos. El empleo de los distintos métodos de monitorización depende de varios factores:

a) En primer lugar, la disponibilidad de cada centro. Determinados instrumentos, como los utilizados para la determinación en línea del flujo del AV, son costosos y en la actualidad no están al alcance de todas las unidades de diálisis.

b) También hay que tener en cuenta que algunas mediciones, como la de la PIA o el flujo del acceso, suponen un importante consumo de tiempo del personal de enfermería por lo que, de cara a una mayor operatividad, deben seleccionarse métodos cuyo rendimiento compensen la dedicación del personal, especialmente en las unidades con gran actividad y elevado índice pacientes por enfermero/a.

c) Por otra parte, en España, existe un claro predominio del uso de FAVI nativa sobre el de prótesis (80 frente a 9%) (6) , por lo que en nuestro medio, los programas de vigilancia han de estar basados con más frecuencia en métodos útiles para detectar la disfunción de FAVI a diferencia de la sistemática descrita en las guías DOQI (7).

d) Por último, hay que considerar que el uso combinado de varios métodos de monitorización aumenta su rentabilidad (4,5,8).

Para evaluar la capacidad de prevención de trombosis del programa de monitorización del AV en cada centro, puede utilizarse como indicador de objetivo las tasas propuestas por las guías DOQI: < 0.25 y < 0.5 trombosis por paciente y año en FAVI y prótesis respectivamente, excluyendo en ambos casos los fallos primarios (en los dos primeros meses tras la realización del AV (7).

El examen físico rutinario es el primer eslabón en la monitorización de la función del AV. Parámetros hemodinámicos tales como el flujo del circuito sanguíneo, flujo de acceso, presiones dinámicas (presión arterial prebomba y presión venosa del circuito) y presiones estáticas (presión arterial prebomba y presión venosa del circuito a bomba parada), pueden ser de gran utilidad en la detección de problemas del AV. Una parte importante en la evaluación de estos parámetros reside en la evolución de los mismos a lo largo del tiempo, dado que varían según las características del paciente y del AV, por lo que es de suma importancia la recogida periódica de los mismos (1-3, 5). Hay que tener en cuenta que los parámetros hemodinámicos pueden verse alterados por factores tales como la velocidad de la bomba, calibre de las agujas, zona de punción, mal posición de las agujas, pinzamiento de los sistemas, viscosidad de la sangre e hipotensión arterial, factores que se deben considerar a la hora de establecer unos valores.

Se aconseja que además de la anotación en la gráfica de diálisis, se registren también mensualmente en una gráfica de acceso, que junto al mapa del AV y la hoja de evolución formarán la historia del mismo, permitiendo ver su evolución a lo largo del tiempo.

1.1.- EXAMEN FISICO

El examen físico sistemático del AV, ha demostrado su eficacia en la detección de la disfunción del mismo (5, 9-11). Este examen se realizará mediante la observación directa, palpación y auscultación del AV, antes y después de cada sesión de diálisis.

A) Observación: Se valorará todo el trayecto venoso, apreciando la existencia de hematomas, estenosis visibles, aneurismas, pseudoaneurismas, edema, frialdad del miembro, enrojecimientos, puntos purulentos y tiempo de hemostasia tras la retirada de agujas.

En las FAVI autólogas una estenosis podría ser detectada a simple vista. El trayecto venoso entre la anastomosis y la zona estenótica estará a gran tensión pudiéndose encontrar zonas dilatadas en esta parte del vaso (9). El trayecto posterior a la estenosis estará a menor tensión e incluso colapsado durante la diástole cardiaca, y la simple elevación del brazo del paciente acentuará este fenómeno (10).

La presencia de edema severo y progresivo, cianosis, calor y/o circulación colateral en el miembro del AV son signos indicativos de hipertensión venosa por obstrucción proximal total o parcial. El no tratamiento de esta complicación puede progresar hacia necrosis tisular(2, 5, 9)

B). Palpación: Se valorará el *thrill* del AV en la anastomosis y en todo el trayecto venoso. El *thrill* debe ser uniforme en todo el trayecto y disminuir de intensidad a medida que nos alejamos de la anastomosis. En prótesis, la presencia de *thrill* en toda su longitud, desde la anastomosis arterial a la venosa, garantiza un flujo superior a 450 ml/min (11). La existencia de un *thrill* débil, así como la palpación de un pulso discontinuo y saltón son signos sugestivos de estenosis o trombosis (5, 9,10).

C). Auscultación: Se valorará el soplo del acceso en la anastomosis y en todo el trayecto venoso. En los AV con buena función se ausculta un soplo continuo y suave que progresivamente disminuye en intensidad. En AV previamente desarrollados, la disminución de la intensidad del soplo se relaciona con la existencia de estenosis a nivel de la anastomosis. La existencia de un soplo sistólico discontinuo y agudo (piante) en el trayecto venoso, indica la existencia de una lesión, y es debido al paso de la sangre por la zona estenótica (4,5,9).
La rentabilidad diagnóstica del examen físico se incrementa cuando se combina con los otros métodos de monitorización como son el registro y análisis de los flujos de sangre, las presiones arterial y venosa, el aumento en el tiempo de coagulación de las punciones y el estudio de la dosis de diálisis y de la recirculación (4,5,10, 12).
En FAVI nativas la maduración retrasada (superior a 8 semanas) o anómala, indica la existencia de estenosis en

un elevado porcentaje de casos y es indicación de estudio mediante técnicas de imagen (13-15)

1.2.- CONTROLES DURANTE LA SESIÓN DE DIÁLISIS

Al inicio de la sesión de HD, la dificultad en la canulación del AV debe ser indicación de la realización de pruebas de imagen (11,13). Los cambios de la presión arterial prebomba con respecto a los valores en sesiones anteriores (más del 25 % o superiores a –150-250 mmHg en función del calibre de la aguja y el tipo de monitor empleado y no achacables a una punción incorrecta del acceso), así como la imposibilidad de mantener los flujos de sangre habituales en 3 sesiones consecutivas, son indicativos de una reducción del propio flujo del AV en la anastomosis o distalmente a la zona de punción (13). El aumento de la presión venosa (PV) durante la HD a los flujos habituales, descartada una punción incorrecta puede ser indicativo de una estenosis a nivel proximal (13). El tiempo de coagulación aumentado tras la retirada de las agujas en ausencia de coagulopatías o exceso de anticoagulación, puede estar relacionado con un incremento de la presión intra-acceso, debido a una estenosis posterior a la zona de punción (2,4,5).

1.3.- PRESIÓN VENOSA DINÁMICA

El estudio protocolizado de la presión venosa dinámica (PVD) (Tabla 1) ha demostrado su eficacia en la detección de estenosis y prevención de la trombosis en prótesis (1, 2, 5, 16,17). Sin embargo, la PV es una herramienta de menor utilidad en el caso de las FAVI puesto que las estenosis en más del 50% de los casos se localizan en la propia anastomosis o en la rama venosa adyacente, traduciéndose en una caída del flujo y de la presión arterial del circuito, a diferencia de los injertos, en los cuáles, en más del 80% la estenosis se sitúa en la anastomosis venosa generando una resistencia al flujo que se traduce en el aumento de la PV (8,14). Por otro lado, el desarrollo de colaterales en FAVI autólogas como compensación a la reducción del calibre a nivel proximal hace que el flujo pueda derivarse sin aumento retrógado de la presión, lo que no sucede en los injertos con estenosis localizadas principalmente en la anastomosis venosa.

Para la monitorización de la PVD, es preciso protocolizar las condiciones en que se hace la determinación, para estandarizar los valores, y fijar un punto de corte, a partir del cual se considere anormal. En los trabajos publicados varía el calibre de las agujas (15 ó 16 G), el flujo de bomba (200 ó 300 ml/min), y las máquinas y líneas empleadas, y por tanto, los valores considerados anormales (120 -150 mmHg) (1,2, 5, 17,18). En el momento actual, existe un acuerdo general en fijar el calibre de las agujas en 15 G, por ser el empleado con más frecuencia, y medir la PVD a flujo de bomba de 200 ml/min, con un valor aceptable por debajo de los 150 mmHg., que podría ser aplicable a la mayoría de las máquinas y líneas. No obstante, puede ser más importante la variación del valor en el tiempo que las cifras absolutas, si bien, no hay estudios que indiquen que modificación hay que considerar para remitir a pruebas de imagen. Variaciones del 25 % podrían considerarse significativas (7) . De esta manera, es importante medir la PVD cuando se comienza a utilizar el AV, y establecer un valor basal.

1.4.- PRESIÓN ESTÁTICA O INTRA-ACCESO

Besarab y cols. describen por primera vez la importancia de la monitorización periódica de la PVIA, o estática (a bomba parada), en la prevención de las trombosis de los accesos vasculares (19) (Tabla 2). La PVIA fue inicialmente determinada a través de un dispositivo de alto flujo colocado en línea entre el dializador y la aguja venosa, que se conectaba a un transductor y un monitor (19).

Posteriormente, se diseñó un sistema estéril de dos dispositivos conectados a transductores, uno situado entre la aguja y la línea venosa, y otro en la cámara venosa (20). Estos sistemas, aunque precisos, resultaban incómodos y costosos.

Por último, se describió un método simplificado, que no precisa ningún aparataje especial, y por tanto sin costes adicionales, fácil de realizar, y reproductible por el personal médico y de enfermería, basado en la determinación de la presión reflejada en el transductor de la máquina de HD conectado a la línea venosa y la presión hidrostática creada por la columna de sangre situada entre el AV y la cámara venosa (21). A diferencia de la PVD, la PVIA no depende de las oscilaciones del flujo de la bomba de sangre, ni del calibre ni disposición de las agujas; únicamente está influenciada por la tensión arterial (TA) sistémica, por lo que se recomienda emplear un valor de PVIA normalizado (PVIAn) a la TA media (TAM) (19-21). Este método simplificado, ha sido aceptado mayoritariamente (7). En un acceso normofuncionante la

PVIAn es normalmente menor del 50 % de la TAM determinada simultáneamente (PVIAn < 0.5 es considerada normal).

Como se ha comentado en otros apartados, su utilidad es mayor en la detección de estenosis en las prótesis, en las que en torno a un 80 % se localizan cerca de la anastomosis venosa (22). La determinación periódica de la PVIAn, no es capaz de

detectar estenosis localizadas en los AV distalmente a la aguja venosa, bien dentro del acceso o a nivel de la anastomosis arterial (19-21). Para ello, es útil la medición de la llamada presión arterial intra-acceso (PAIA), que de manera similar a la PVIA, considera la presión obtenida en el transductor de presión conectado a la línea arterial (medido simultáneamente a la medición de la presión en la línea venosa), y de la altura en cm entre la aguja arterial o el brazo del sillón y la cámara arterial, obteniendo el valor de la PAIA, y de la PAIAn. Cuando existe una estenosis en el cuerpo de la prótesis (entre ambas punciones), la PVIA permanece normal o disminuida mientras que la PAIA está aumentada. La estenosis a nivel de la anastomosis arterial está relacionada con una disminución de la PAIA siendo esta inferior al 35 % de la TAM. Así, un valor de PAIAn < 0.3 podría ser indicativa de estenosis a nivel de la anastomosis arterial y una diferencia entre PAIAn y PVIAn mayor de 0.5 podría ser indicativo de estenosis intra-acceso (7, 23).

1.5.- MEDICIÓN DEL FLUJO DEL ACCESO VASCULAR

Actualmente se considera que la medición directa del flujo del AV (Qa) es uno de los métodos más efectivos en la detección de estenosis cuando se utiliza de forma periódica (7, 24,25) tanto en FAVI nativas como en prótesis.

Técnicas. La medida del Qa puede realizarse mediante métodos de dilución entre los que se encuentran la dilución térmica, por conductancia, dilución con salino empleando ultrasonidos o dilución ultrasónina (DU) (monitor Transonic®), y dilución del hematocrito inducida por cambios en la ultrafiltración o delta-H que emplea técnicas fotométricas mediante el monitor Crit Line® o mediante un sensor de medición trasncutánea (TQA). Otros métodos incluyen la ecografía y la RM (Tabla 3). El método más extendido, con el que se han realizado la mayoría de los estudios es el de DU que es preciso, fácil de realizar y sin apenas variabilidad entre observadores cuando se realiza de una manera estandarizada (26-29). Otra técnica que ha mostrado resultados fiables y fidedignos, cada vez más empleada, es el de la dilución del hematocrito por cambios en la ultrafiltación (30). En los dos métodos
se precisa invertir las líneas sanguíneas de HD para el cálculo del Qa.

En general, se acepta que la eco-Doppler convencional tiene una gran variabilidad entre observadores principalmente por dos razones. La primera es que variaciones pequeñas en la medida de la sección del vaso (radio) conducen a grandes variaciones en el cálculo del flujo. La segunda que el ángulo seccional, aunque está estandarizado a 60°, es una fuente potencial de error. En cualquier caso, los estudios prospectivos en los que la variabilidad entre observadores se ha intentado controlar, arrojan resultados discrepantes cuando se compara con los flujos medidos por DU. May y cols. comprueban una correlación de 0,79 (p=0.0001) entre eco-Doppler y DU en 87 prótesis de PTFE (31) . Schwarz y cols. observan que el flujo determinado por eco-D era un 25 % inferior al obtenido por DU en 59 FAVI nativas, con un coeficiente de correlación de 0,37 (p=0.004) (32) . Zanen y cols estudian el flujo del AV en 38 pacientes (21 FAVI nativa, 17 PTFE) con eco-Doppler, DU e índice cuantitativo de velocidad color (CVI-Q) (33). En este estudio se observó un bajo coeficiente de correlación entre eco-Doppler y DU, sin embargo había una buena correlación entre DU e CVI-Q; En el análisis Bland-Altman apenas había diferencia de flujos medidos por DU y CVI-Q, sin embargo, el flujo determinado por eco-Doppler tenía una diferencia media comparado con DU de 1.129 ml/min, y de 1.167 ml/min con CVI-Q. Sands y cols observan tambien un buen coeficiente de correlación entre DU y CVI-Q en 19 pacientes (66 determinaciones, R = 0.83) (34). El método de eco-Doppler a flujo variable descrito por Weitzel parece no tener tanta variabilidad entre observadores como la eco-Doppler convencional, con un coeficiente de correlación elevado con DU (35,36).

En resumen, los métodos dilucionales, especialmente DU y dilución del hematocrito por la ultrafiltración, son las técnicas de medición de flujo más estandarizadas, con la existencia de un sólo aparato de medición en el mercado por cada método, escasa variabilidad entre observadores, que pueden ser realizado por el personal médico y de enfermería que atienden a los pacientes en diálisis, por lo que de momento, se recomiendan de elección en la monitorización periódica del flujo de los accesos vasculares. Con la eco-Doppler convencional puede haber gran variación entre observadores y métodos (marcas y modelos de aparatos), por lo que el flujo no está estandarizado. El CVI-Q y eco-Doppler a flujo variable parecen métodos más precisos aunque su empleo de momento es escaso. La RM es una técnica precisa, aunque más cara y compleja de realizar (35).

Utilidad. A pesar que la mayoría de los autores han evidenciado que la determinación del Qa es un método efectivo en la detección de estenosis y/o en la prevención de trombosis, tanto en FAVI como en prótesis, existe una gran discrepancia en la literatura en cuanto al valor de Qa que ha de considerarse anormal, y por tanto, ser criterio de remisión a pruebas de imagen. La diversidad de métodos para medir el Qa es uno de los factores que justifica estas discrepancias, pero no el único.

Con el empleo de DU en FAVI, algunos autores no han hallado capacidad discriminativa del riesgo de trombosis con la monitorización del Qa al estudiar tanto FAVI como prótesis (37,38). En otros estudios realizados exclusivamente en FAVI, la determinación del flujo ha mostrado su utilidad con el rango de < 500 ml/min como el de mayor valor predictivo de la presencia de una estenosis (39,40). Otro estudio prospectivo halla una mayor eficiencia con valores más elevados de flujo en la detección de estenosis, diferenciando si la FAVI es radiocefálica distal (menor de 750 ml/min) o proximal (menor de 1000 ml/min) (41). En este trabajo, los cambios en el tiempo superiores al 25% del valor basal no mejoran la rentabilidad diagnóstica frente al valor absoluto del flujo, aunque la combinación de ambos mejora la sensibilidad para la detección de estenosis.

En el caso de las prótesis, diversos estudios prospectivos con DU han observado una mayor discriminación del riesgo de trombosis mediante la medición del flujo del AV en comparación con el estudio de la presión venosa (18,31,42). Valores absolutos menores de 600 ml/mn (17,43) ó de 650 ml/mn (18, 38), o reducciones superiores a un 15% con respecto a valores previos (44), se relacionan con un mayor riesgo de trombosis y serían indicación de un estudio de imagen para identificar una posible estenosis. No obstante, algunos ensayos clínicos randomizados no han mostrado ser más eficaces en la monitorización del Qa de la prótesis, en comparación con la PVD en la supervivencia del AV (45) ni en la reducción de la tasa de trombosis (46).

La técnica dilucional basada en diferencias en la conductividad ha mostrado tener valor predictivo en la tasa de trombosis de FAV, cuando se remitía a fistulografía con un Qa menor de 750 ml/min (47). Un estudio reciente con el método de dilución del hematocrito por la ultrafiltración en FAVI y prótesis (90 % FAVI), ha mostrado una sensibilidad y especificidad del 84,2 % y 93,5 % repectivamente en la detección de estenosis, cuando se remitía a fistulografía con Qa menor de 700 ml/min (48).

A pesar de las limitaciones anteriormente comentadas, la eco-Doppler convencional también ha demostrado su utilidad en la medición del flujo del acceso tanto en prótesis (49) como en FAVI (32). Schwartz y cols. en un estudio prospectivo reciente que compara flujo medido con eco-Doppler y DU en FAVI, no encontraron diferencias en la detección de estenosis entre las dos técnicas, aunque el punto de corte con mayor rentabilidad diagnóstica era diferente (465 ml/min con DU y 390 ml/min con eco-Doppler) (32).

Debido a las discrepancias del valor del Qa por debajo del cual se ha de remitir a pruebas de imagen, puede ser más interesante valorar las variaciones en el tiempo que la cifra en valores absolutos.

1.6.- CONTROL PERIÓDICO DE LA DOSIS DE DIÁLISIS Y DE LA RECIRCULACIÓN

La caída en la dosis de diálisis respecto a valores previos, con la misma pauta de tratamiento puede ser indicativo de disfunción del AV y obliga a realizar otras exploraciones (7,25,50).

La recirculación (R) del acceso vascular es un marcador de disfunción tanto en FAVI, como en prótesis, aunque es un signo tardío lo que reduce su rendimiento (7, 8, 25, 51,52). Ocurre tanto en situaciones de estenosis distales a la aguja arterial cuando el Qa es inferior al Qb, como en obstrucciones al retorno venoso (53). En ambos casos, la R aumenta a medida que aumenta el Qb.

El cálculo de la R puede realizarse mediante técnicas no basadas en la determinación de la urea, principalmente métodos dilucionales (8, 51,52,54-56), y métodos basados en la urea. Existe un acuerdo general en emplear el método de las 2 agujas para el cálculo de R basada en la determinación de urea (Tabla 4), dado que este procedimiento evita el componente de R cardiopulmonar que aparecía con el método de las 3 agujas (57-60).

En el cálculo de la R del AV (Tabla 4), es importante que la 3ª muestra (P) contenga sangre que proceda exclusivamente de la circulación sistémica, por lo que es preciso asegurar que no contenga sangre de la línea arterial potencialmente mezclada con sangre procedente de la línea venosa, en el caso que hubiera R del AV. Teniendo en cuenta que el volumen de sangre que hay entre la aguja y la toma de muestras arterial es de 12-15 ml, y que la R del AV sólo aparece cuando el Qa es inferior al Qb, bastaría con esperar 20 segundos tras bajar el Qb a 50 ml/min para evitar tomar sangre mezclada. Las guías DOQI proponen bajar el Qb a 120 ml/min y esperar 10 segundos para, por otro lado, reducir al máximo el aumento de urea en la muestra debido al efecto rebote (7).

Aunque en un AV normofuncionante la R es de 0, se considera que valores de R mayores del 5% mediante métodos dilucionales o mayores del 10% por métodos basados en urea, es indicación de llevar a cabo un estudio del AV mediante otros procedimientos (7).

1.7.- PRUEBAS DE IMAGEN

La angiografía con medio de contraste yodado es una técnica precisa en el diagnóstico de las estenosis de los AV, que explora todo el trayecto venoso hasta vasos centrales, y que permite el tratamiento percutáneo inmediato si las características de la lesión cumplen criterios para el mismo, lo que evita demoras y por tanto riesgo de trombosis en lesiones severas. Entre los inconvenientes están que es invasiva en relación a la eco-Doppler y la RM, que expone a radiaciones ionizantes, y que el contraste yodado puede inducir hipotensión y reacciones alérgicas, y puede empeorar la insuficiencia renal por nefrotoxicidad, Por estas razones, la fistulografía puramente diagnóstica debe evitarse si no se contempla la posibilidad de un tratamiento percutáneo en el mismo acto. En el paciente con alergia a los contrates yodados o riesgo de nefrotoxicidad, se puede emplear CO_2 o gadolinio como medio de contraste. La estimación del grado de estenosis es significativamente mas baja con CO_2 que con contraste yodado. Así, cuando el medio de contraste yodado se usa como patrón, la sensibilidad, especificidad y precisión del CO_2 son 94%, 58% y 75% respectivamente (61).

En algunos estudios la eco-Doppler ha demostrado resultados superponibles a la fistulografía en la localización y valoración del grado de estenosis de los AV, excepto en las arterias de la mano y las venas centrales (62-64). Tiene la ventaja que es una técnica no invasiva, que no expone a radiaciones ionizantes ni medios de contraste yodados. La angiografía no es necesaria si la eco-Doppler muestra una estenosis aislada cerca de la anastomosis en las FAVI radio-cefálicas tratable con reanastomosis proximal en revisión quirúrgica. La eco-Doppler puede ser útil para definir la extensión de la trombosis. Entre los inconvenientes, además de la limitación en la valoración de los vasos centrales, está que duplica las exploraciones y puede retrasar el tratamiento en los casos subsidiarios de intervención percutánea.

La RM es no invasiva, no utiliza radiaciones ionizantes y no utiliza medios de contraste potecialmente nefrotóxicos. La RM de las venas centrales del tórax es precisa e incluso superior a la angiografía, ya que esta no muestra todos los vasos torácicos permeables (65,66). La RM acorta el tiempo de exploración y evita la sobre estimación de las estenosis por artefacto de flujo respecto a la eco-Doppler (67-69), muestra el trayecto arterial desde la subclavia, el AV completo, y el trayecto venoso hasta la vena cava superior. Tomando como referencia la angiografía con medio de contrate yodado la RM tiene una sensibilidad del 100% y una especificidad del 94% (70). . Como inconvenientes están que es más cara y que al igual que la eco-Doppler duplica las exploraciones y puede retrasar el tratamiento en los casos subsidiarios de la intervención percutánea.

Tabla 1. Monitorización de la presión venosa dinámica (PVD).

- De utilidad preferente en prótesis.
- Valores del transductor de presión de la línea venosa de la máquina de hemodiálisis
- Agujas de 15 G
- Qb 200 ml/min
- Hacer la determinación en los primeros 2 a-5 minutos del comienzo de la diálisis.
- Establecer un valor basal con la media de 3 determinaciones en las primeras sesiones de diálisis
- Periodicidad: mensual
- Remitir a pruebas de imagen si en 3 determinaciones consecutivas es superior a 150 mmHg y/o hay incremento > del 25 % del valor basal.

Tabla 2. Monitorización de la presión intra-acceso o estática

- De utilidad preferente en prótesis.
- Medir en los 60 primeros minutos de la diálisis, con el paciente e situación hemodinámica estable.
- Asegurar que el transductor de presión venosa de la máquina de diálisis está calibrado a cero.
- Medir la tensión arterial media (TAM) en el brazo contralateral al acceso vascular.
- Parar la bomba de sangre
- Pinzar la línea venosa entre el dializador y la cámara venosa.
- Esperar 30 segundos y medir la presión en mmHg (P) que muestra el transductor venoso de la máquina
- Despinzar el retorno venoso y programar el flujo de sangre previo.
- A continuación medir la presión hidrostática que supone la columna de sangre entre el acceso vascular y la cámara venosa (PH) bien directamente (fórmula A) o mediante la fórmula B:

> A) Medir la altura en cm entre la aguja venosa y el nivel de sangre de la cámara venosa. La PH en mmHg será = altura (en cm) x 0,76.

> B) Medir la altura en cm entre la parte superior del brazo del sillón en que se apoya el brazo del acceso vascular y el nivel de sangre de la cámara venosa (H). La PH en mmHg = 0,35 x H + 3,4.

- Cálculo de presión venosa intraacceso (PVIA)= P + PH

- Cálculo de la PVIA normalizada (PVIAn) = PVIA/TAM
- Establecer un valor basal con la media de 3 determinaciones en las primeras sesiones de diálisis
- Perioricidad: mensual
- Prótesis: Realizar pruebas de imagen si en tres determinaciones consecutivas la PVIAn > 0.5 y/o hay un incremento > 0.25 respecto al valor basal.
- Para cálculo de la presión arterial intra-acceso (PAIA) medir la presión en el transductor de presión de la cámara arterial, y la altura desde el acceso vascular o desde el brazo del sillón y el nivel de sangre de la cámara arterial. Aplicar las mismas fórmulas que la PVIA.Una PAIAn < 0.3 puede indicar estenosis a nivel de la anastomosis arterial, y una diferencia entre PAIAn y PVIAn mayor de 0.5 estenosis intra-acceso.

Tabla 3. Monitorización del flujo del acceso vascular

- Técnica:
Dilución: Ultrasónica
Variación del hematocrito
Conductancia
Térmica
Eco-Doppler: Convencional
Índice cuantitativo velocidad-color
Eco-Doppler a flujo variable
Otros: Angiorresonancia magnética con gadolinio (RM)

- Método:
Se realizará durante los primeros 60-90 minutos de la diálisis, con el paciente en situación hemodinámica

estable. Ultrafiltración a 0 desde 3 minutos antes de la medición.

Se considerará el valor medio de tres determinaciones realizadas en la misma sesión de diálisis.

- Periodicidad Bimensual en FAVI. Mensual en prótesis.

- Criterios de pruebas de imagen:

FAVI nativa: Flujo menor de 500 ml/min y/o reducción > 25 % respecto a máximo valor previo.

Prótesis: Menor de 600 ml/min y/o reducción > 25 % respecto a máximo valor previo.

Comentarios a cerca de la determinación del flujo del acceso vascular

Se recomienda realizar la medición en los primeros 60-90 minutos de la diálisis, para eludir la posible disminución del gasto cardiaco por la ultrafiltración (5,34). En cualquier caso es requisito indispensable que el paciente esté en situación hemodinámica estable. Se recomienda realizar 3 determinaciones y tomar el valor medio (7), o bien 2 determinaciones y si la diferencia entre las 2 supera el 10 % se realizará una tercera (34). Se recomienda parar la ultrafiltración desde 3 minutos antes (5). Algunos grupos incluyen en su protocolo fijar el flujo de la bomba (300 ml/min). Dada la diversidad de métodos puede ser más importante considerar los cambios del flujo en el tiempo, que su valor en cifras absolutas.

Tabla 4. Medición de la recirculación basado en la urea.

- Realizar en los 30-60 primeros minutos de la hemodiálisis, con el paciente en situación hemodinámica estable.
- Poner ultrafiltración a cero.
- Tomar muestras simultáneamente de la línea arterial (A) y venosa (V) para la determinación de urea al flujo de bomba (Qb) deseado.
- Inmediatamente después bajar el Qb a 50 ó120 ml/min y esperar 20 ó 10 segundos repectivamente tras bajar el Qb
- Pinzar la línea arterial por encima de la toma de muestras.
- Tomar una muestra de la línea arterial (P) para la determinación de urea.
- Despinzar la línea arterial y aumentar el Qb a las cifras habituales
- Calcular el porcentaje de recirculación (R) según la fórmula:

R = (BUNP – BUNA /BUNP-BUNV) x 100

- Valores superiores al 10 % serán indicación de realizar otras exploraciones.

1.8.- BIBLIOGRAFIA:

1. Schwab SJ, Raymond JR, Saeed M, Newman GE, Dennis PA, Bollinger RR. Prevention of hemodialysis fistula thrombosis. Early detection of venous stenoses. Kidney Int 1989; 36:707-711
2. Cayco AV, Abu-Alfa AK, Mahnensmith RL, Perazzella MA. Reduction in arteriovenous graft impairment: results of a vascular access surveillance protocol. Am J Kidney Dis 1998; 32:302-308

3. Sands JJ, Jabyac PA, Miranda CL, Kapsick BJ. Intervention based on monthly monitoring decreases access thrombosis. ASAIO J 1999; 45:147-150

4. Allon M, Bailey R, Ballard R, Deierhoi MH, Hamrick K, Oser R, Rhynes VK, Robbin ML, Saddekni S, Zeigler ST. A multidisciplinary approach to hemodialysis access: prospective evaluation. Kidney Int 1998; 53:473-479

5. Safa AA, Valji K, Roberts AC, Ziegler TM, Hye RJ, Oglevie SB. Detection and treatment of dysfunctional hemodialysis access grafts: Effect of a surveillance program on graft patency and the incidence of thrombosis. Radiology 1996; 199:653-657

6. Rodríguez Hernández JA, López Pedret J, Piera L. El acceso vascular en España: análisis de su distribución, morbilidad y sistemas de monitorización. Nefrología 2001; 21: 45-51

7. NKF-K/DOQI Clinical Practice Guidelines for Vascular Access: update 2000. Am J Kidney Dis 2001; 37 (Suppl. 1) : S137-S181

8. Sullivan KL, Besarab a. Hemodynamic screening and early percutaneous intervention reduce hemodialysis access thrombosis and increase graft longevity. J Vasc Intervent Radiol 1997; 8: 163-170

9. Polo J.R. Accesos vasculares para diálisis. Detección y tratamiento de la disfunción por estenosis. Rev Enfermería Nefrológica 2001;15 :20-22

10. San Juan Miguelsanz MI, Santos de Pablos MR, Muñoz Pilar S, Cardiel Plaza E, Alvaro Bayón G, Bravo Prieto B. Validación de un protocolo de enfermería para el cuidado del acceso vascular. Rev Soc Enferm Nefrol 2003; 6: 70-75

11. Trerotola SO, Scheel PJ Jr, Powe NR, Prescott C, Feeley N, He J, Watson A. Screening for dialysis access graft malfunction: comparison of physical examination with US. J Vasc Interv Radiol 1996; 7:15-20

12. Vanholder R. Vascular access: care and monitoring of function. Nephrol Dial Transplant 2001; 16: 1542-1545

13. Gallego JJ, Hernández A, Herrero JA, Moreno R. Early detection and treatment of hemodialysis access dysfunction. Cardiovasc Intervent Radiol 2000; 23: 40-46

14. Turnel-Rodrigues L, Pengloan J, Baudin S, Testou D, Abaza M, Dahdah G, Mouton A, Blanchard D. Treatment of stenosis and thrombosis in haemodialysis fistulas and grafts by interventional radiology. Nephrol dial Transplant. 2000; 15:2029-2036

15. Turmel-Rodrigues L, Mouton A, Birmele B, Billaux L, Ammar N, Grezard O, Hauss S, Pengloan J. Salvage of immature forearm fistulas for haemodialysis by interventional radiology. Nephrol Dial Transplant 2001; 16:2365-2371

16. Greenwood RN, Aldridge C, Goldstein L, Baker LR, Cattell WR. Assessment of arteriovenous fistulae from pressure and thermal dilution

studies: clinical experience in forearm fistulae. Clin Nephrol 1985; 23:189-197

17. Smits JH, van der Linden J, Hagen EC, Modderkolk-Cammeraat EC, Feith GW, Koomans HA, van den Dorpel MA, Blankestijn PJ. Graft surveillance: venous pressure, access flow, or the combination? Kidney Int 2001; 59:1551-1558 18. Hoeben H, Abu-Alfa AK, Reilly RF, Aruny JE, Bouman K, Perazella MA. Vascular access surveillance: evaluation of combining dynamic venous pressure and vascular access blood flow measurements. Am J Nephrol 2003; 23: 403-408

19. Besarab A, Moritz M, Sullivan K, Dorell S, Price JJ. Venous access pressures and the detection of intra-access stenosis. ASAIO J 1992; 38: M519-M523

20. Besarab A, Sullivan KL, Ross RP, Moritz MJ. Utility of intra-access pressure monitoring in detecting and correcting venous outlet stenoses prior to thrombosis. Kidney Int 1995; 47:1364-1373

21. Besarab A, Frinak S, Sherman RA, Goldman J, Dumler F, Devita MV, Kapoian T, Al-Saghir F, Lubkowski T. Simplified measurement of intra-access pressure. J Am Soc Nephrol 1998; 9: 284-289

22. Caro P, Delgado R, Dapena F, Aguilera A. La utilidad de la presión intra-acceso. Nefrología 2004; 24: 357-363

23. Besarab A. y Raja R.M. Acceso vascular para la hemodiálisis En: Manual de Diálisis Daugirdas J, Blake P, Ing T..(eds.). Masson. Barcelona, 2003: 69-105.

24. Schwab SJ, Harrington JT, Singh A, Roher R, Shohaib SA, Perrone RD, Meyer K, Beasley D. Vascular access for hemodialysis. Kidney Int 1999; 55: 2078-2090

25. Clinical practice guidelines of the Canadian Society of Nephrology for treatment of patients with chronic renal failure: Clinical practice guidelines for vascular access. J Am Soc Nephrol. 1999; 10:S287-S321

26. Krivitski NM. Theory and validation of access flow measurement by dilution technique during hemodialysis. Kidney Int 1995; 48: 244-250

27. Bosman PJ, Boereboom FT, Bakker CJ, Mali WP, Eikelboom BC, Blankestijn PJ, Koomans HA.. Access flow measurements in hemodialysis patients: In vivo validation of an ultrasound dilution technique. J Am Soc Nephrol 1996; 7: 966-969

28. Barril G, Besada E, Cirujeda A, Fernández-Perpén AF, Selgas R. Utilidad del monitor Transonic Qc en las sesiones de hemodiálisis para evaluar el flujo efectivo. Nefrología 1999; 19: 460-462

29. Barril G, Besada E, Cirujeda A, Fernández-Perpén AF, Selgas R. Hemodiálisis vascular assessment by an ultrasound dilution method (transonic) in patients older than 65years. Int Urol Nephrol 2001; 32: 459-62

30. Yarar D, Cheung AK, Sakiewicz P, Lindsay RM, Paganini EP, Steuer RR, Leypoldt JK. Ultrafiltration method for measuring vascular access flow rates during hemodialysis. Kidney Int 1999; 56: 1129-1135

31. May RE, Himmelfarb J, Yenicesu M, Knights S, Ikizler TA, Schulman G, Hernanz-Schulman M, Shyr Y, Hakim RM. Predictive measures of vascular access thrombosis: A prospective study. Kidney Int 1997; 52:1656-1662

32.Schwartz C, Mitterbauer C, Boczula M, Maca T, Funovics M, Heinze G, Lorenz M, Kovarik J, Oberbauer R. Flow monitoring: performance characteristics of ultrasound dilution versus color Doppler ultrasound compared with fistulography. Am J Kidney Dis 2003; 42:539-545

33. Zanen AL, Toonder IM, Koeten E, Wittens CHA, Diderich PPNM. Flow measurements in dialysis shunts: lack of agreement between conventional Doppler, CVI-Q , and ultrasound dilution. Nephrol Dial Transplant 2001; 16: 395-399

34.Sands J, Glidden D, Miranda C. Access flow measured during hemodialysis. ASAIO J 1996; 42: 530-532

35. Weitzel WF, Rubin JM, Swartz RD, Woltmann DJ, Messana JM. Variable flow Doppler for hemodialysis access evaluation: Theory and clinical feasibility. ASAIO J 2000; 46: 65-69

36. Weitzel WF, Rubin JM, Leavey SF, Swartz RD, Dhingra RK, Messana JM. Analysis of variable flow Doppler hemodialysis access flow measurements and comparison with ultrasound dilution. Am J Kidney Dis 2001; 38: 935-940

37. Wang E, Schneditz D, Nepomuceno C, Lavarias V, Martin K, Morris AT, Levin NW. Predictive value of access blood flow in detecting access thrombosis. ASAIO J 1998; 44:555-558

38. Lok CE, Bhola C, Croxford R, Richardson RMA. Reducing vascular access morbidity: a comparative trial of two vascular access monitoring strategies. Nephrol Dial Transplant 2003; 18:1174-1180

39. Tonelli M, Jindal K, Hirsch D, Taylor S, Kane C, Henbrey S. Screening for subclinical stenosis in native vessel arteriovenous fistulae. J Am Soc Nephrol 2001; 12:1729-1733

40. Tonelli M, Jhangri GD, Hirsch DJ, Marryatt J, Mossop P, Wile C, Jindal KK. Best threshold for diagnosis of stenosis or thrombosis within six months of access flow measurement in arteriovenous fistulae. J Am Soc Nephrol 2003; 14:3264-3269

41. Tessitore N, Bedogna V, Gammaro L, Lipari G, Poli A, Baggio E, Firpo M, Morana G, Mansueto G, Maschio G. Diagnostic accuracy of ultrasound dilution access blood flow measurement in detecting stenosis and predicting thrombosis in native forearm arteriovenous fistulae for haemodialysis. Am J Kidney Dis 2003; 42:331-334

42. McCarley P, Wingard RL, Shyr Y, Pettus W, Hakim RM, Ikizler TA. Vascular access blood flow monitoring reduces access morbidity and costs. Kidney Int 2001; 60:1164-1172

43. Bosman PJ, Boerebomm FTJ, Eikelboom BC, Koomans HA, Blankestijn PJ. Graft flow as a predictor of thrombosis in hemodialysis grafts. Kidney Int 1998; 54:1726-1730

44. Neyra NR, Ikizler TA, May RE, Himmelfarb J, Schulman G, Shyr Y, Hakim RM. Change in access blood flow over time predicts vascular access thrombosis. Kidney Int 1998; 54: 1714-1719

45. Moist, LM, Churchill DN, House AA, Millward SF, Elliott JE, Kribs SW, Deyoung WJ, Blythe L, Stitt LW, Lindsay RM. Regular monitoring of access flow compared with monitoring of venous pressure fails to improve graft survival. J Am Soc Nephrol 2003; 14:2645-2653

46. Ram SJ, Work J, Caldito GC, Eason JM, Pervez A, Paulson WD. A randomized controlled trial of blood flow and stenosis surveillance of hemodialysis graft. Kidney Int 2003; 64:272-280

47. Lindsay RM, Blake PG, Malek P. Hemodialysis access blood flow rates can be measured by a Differential Conductivity technique and are predictive of access thrombosis. ASAIO J 1999; 45: 147-150

48. Roca-Tey R, Samón R, Ibrik O, García-Madrid C, Herranz JJ, García-Gonzalez L, Viladoms J. Monitorización del acceso vascular mediante la determinación del flujo sanguíneo durante la hemodiálisis por el método de ultrafiltration. Estudio
prospectivo de 65 pacientes. Nefrología 2004; 25: 246-260

49. Wiese P, Blume J, Mueller HJ, Renner H, Nonnast-Daniel B. Clinical and Doppler ultrasonography data of a polyurethane vascular access graft for haemodialysis: a prospective study. Nephrol dial Transplant 2003; 18:1397-1400

50. Lambie SH, Taal MW, Fluck RJ, McIntyre CW. Analysis of factors associated with variability in haemodialysis adequacy. Nephrol Dial Transplant 2004; 19: 406-412

51. Weitzel WF, Khosla N, Rubin JM. Retrograde hemodialysis access flow during dialysis as a predictor of access pathology. Am J Kidney Dis 2001; 37:1241-1246

52. Schneditz D, Kaufman AM, Levin N. Surveillance of access function by the blood temperature monitor. Seminars in Dialysis 2003; 16: 483-487

53. Besarab A, Sherman RA. The realationship of recirculation to access blood type. Am J Kidney Dis 1997; 29: 223-229

54.Lindsay RM, Burbank J, Brugger J, Bradfield E, Kram R, Malek P, Blake PG. A device and a method for rapid and accurate measurement of access recirculation during hemodialysis. Kidney Int 1996; 49: 1152-1160

55. Depner TA, Krivitski NM, MacGibbon D. Hemodialysis access recirculation measured by ultrasound dilution. ASAIO J 1995; 41: M749-M753

56. Tattersall JE, Farrington K, Raniga PD, Thompson H, Tomlinson C, Aldridge C, Greenwood RN. Haemodialysis recirculation detected by the three-sample method is an artefact. Nephrol Dial Transplant 1995; 8: 60-63

57. Twardowski ZJ, Van Stone JC, Haynie JD. All currently used measurements of recirculation in blood access by chemical methods are flawed due to intradialytic disequilibrium or recirculation al low flow. Am J Kidney Dis 1998; 32: 1046-1058.

58. Basile C, Ruggieri G, Vernaglione L, Montanaro A, Giordano R. A comparison of methods for the measurement of hemodialysis access recirculation. J Nephrol 2003; 16:908-13

59. Van Stone JC. Peripheral venous blood is not the appropriate specimen to determine the amount of recirculation during hemodialysis. ASAIO J 1996; 42: 41-45.

60. Depner TA, Rizwan S, Cheer AY, Wagner JM, Eder LA. High venous urea concentration in the opposite arm: A consequence of hemodialysis-induced compartment disequilibrium. ASAIO Trans 1991; 37: M141-M143.

61. Ehrman KO, Taber TE, Gaylord GM, Brown PB, Hage JP. Comparison of diagnostic accuracy with carbon dioxide versus iodinated contrast material in the imaging of hemodialysis access fistulas. J Vasc Interv Radiol 1994; 5: 771-775.

62. Gadallah MF, Paulson WD, Vickers B, Work J. Accuracy of Doppler ultrasound in diagnosing anatomic stenosis of hemodialysis arteriovenous access as compared with fistulography. Am J Kidney Dis 1998; 32:273-277

63. MacDonald MJ, Martin LG, Hughes JD, Kikeri D, Scout DC, Harker LA Distribution and severity of stenoses in functioning arteriovenous grafts: a duplex and angiographic study. J Vasc Technol 1996; 20:131-136

64. Wittenberg G, Schindler T, Tschammler A, Kenn W, Hahn D. Value of colorcoded duplex ultrasound in evaluating arm blood vessels-arteries and hemodialysis shunts. Ultraschall Med 1998; 19:22-27

65. Hartnell GG, Hughes LA, Finn JP, Longmaid HE, III. Magnetic resonance angiography of the central chest veins. A new gold standard? Chest 1995; 107:1053-1057

66. Kroencke TJ, Taupitz M, Arnold R, Fritsche L, Hamm B. Three-dimensional gadolinium-enhanced magnetic resonance venography in suspected thromboocclusive disease of the central chest veins. Chest 2001; 120:1570-1576

67. Waldman GJ, Pattynama PMT, Chang PC, Verburgh C, Reiber JHC, de Roos A. Magnetic resonance angiography of dialysis access shunts: initial results. Magn Reson Imaging 1996; 14:197-200

68. Konermann M, Sanner B, Laufer U, Josephs W, Odenthal HJ, Horstmann E. Magnetic resonance angiography as a technique for the visualization of
hemodialysis shunts. Nephron 1996; 73:73-78
69. Laissy JP, Menegazzo D, Debray MP, Loshkajian A, Viron B, Mignon F,
Schouman-Claeys E. Failing arteriovenous hemodialysis fistulas: assessment with magnetic resonance angiography. Invest Radiol 1999; 34:218-224
70. Han KM, Duijm L, Thelissen G, Cuypers P, Douwes-Draaijer P, Tielbeek A, Wondergem J, van den Bosch H. Failing hemodialysis access grafts: Evaluation of complete vascular tree with 3D contrast-enhanced MR angiography with high spatial resolution: Initial results in 10 Patients. *Radiology* 2003; 227:601-605

www.ingramcontent.com/pod-product-compliance
Lightning Source LLC
Chambersburg PA
CBHW021855170526
45157CB00006B/2465